WISSENSCHAFTLICHE ERGEBNISSE

DER SCHWEDISCHEN SÜDPOLAR-EXPEDITION
1901—1903

UNTER LEITUNG VON Dr. OTTO NORDENSKJÖLD

BAND III. LIEFERUNG 11

LES ECHINIDES FOSSILES

DES ILES SNOW-HILL ET DE SEYMOUR

PAR

J. LAMBERT

AVEC 1 PLANCHE

———•———

STOCKHOLM
LITHOGRAPHISCHES INSTITUT DES GENERALSTABS
1910

A. ASHER & CO   HAAR & STEINERT, A. EICHLER, SUCC:R   DULAU & CO
BERLIN W   PARIS   LONDON W

Schwedische Südpolar-Expedition.

Dieses Werk erscheint in etwa 7 Bänden und wird in Abteilungen, welche je eine Monographie enthalten, publiziert. Der Text ist auf etwa 3000 Druckseiten mit ca. 300 Tafeln sowie zahlreichen Textfiguren und Karten veranschlagt. Die Abhandlungen werden in deutscher, englischer oder französischer Sprache gedruckt.

Bis jetzt sind folgende Lieferungen erschienen:

Band I. **Reiseschilderung. Geographie. Kartographie. Hydrographie. Erdmagnetismus. Hygiene** etc.
Lief. 1 und 2 (noch nicht gedruckt).
Lief. 3 und 4. EKELÖF, E. Die Gesundheits- und Kranken-Pflege. Über »Präserven-Krankheiten». Preis Mark 3.—.

Band II. **Meteorologie.**
Lief. 1. BODMAN, G. Das Klima als eine Funktion von Temperatur und Windgeschwindigkeit. Mit 1 Tafel. Preis Mark 4.—. (Für Subskribenten auf das ganze Werk Mark 3.—).
Lief. 2. BODMAN. G. Stündliche Beobachtungen bei Snow Hill. Mit 3 Tafeln und 1 Karte. Preis Mark 28.—. (Für Subskribenten Mark 22.—).
Lief. 3. BODMAN, G. Beobachtungen an Bord der »Antarctic» und auf der Paulet-Insel. Mit 1 Tafel und 1 Karte. Preis Mark 9.—. (Für Subskribenten Mark 7.—).
Lief. 4. BODMAN, G. Zusammenfassung der allgemeinen Resultate. Mit 62 Tafeln. Preis Mark 30.—. (Für Subskribenten Mark 24.—).
Preis des ganzen Bandes II: Mark 71.—. (Bei Subskription auf das ganze Werk Mark 56.—).

Band III. **Geologie und Paläontologie.**
Lief. 1. WIMAN, C. Die alttertiären Vertebraten der Seymourinsel. Mit 8 Tafeln. Preis Mark 10.—. (Für Subskribenten Mark 8.—).
Lief. 2. ANDERSSON, J. G. The Geology of the Falkland Islands. With 9 Plates and Maps. Preis Mark 10.—. (Für Subskribenten Mark 8.—).
Lief. 3. DUSÉN, P. Die tertiäre Flora der Seymourinsel. Mit 4 Tafeln. Preis Mark 5.—. (Für Subskribenten Mark 4.—).
Lief. 4. SMITH WOODWARD, A. On Fossil Fish-Remains. With 1 Plate. Preis Mark 2.—. (Für Subskribenten Mark 1.50).
Lief. 5. FELIX, J. Die fossilen Korallen. Mit 1 Tafel. Preis Mark 3.—. (Für Subskribenten Mark 2.—).
Lief. 6. KILIAN, W., et REBOUL, P. Les Céphalopodes Néocrétacés. Avec 20 planches. Preis Mark 18.—. (Für Subskribenten Mark 15.—).
Lief. 7. BUCKMAN, S. S. Fossil Brachiopoda. With 3 Plates. Preis Mark 5.—. (Für Subskribenten Mark 4.—).
Lief. 8. GOTHAN, W. Die fossilen Hölzer von der Seymour- und Snow Hill-Insel. Mit 2 Doppeltafeln. Preis Mark 5.—. (Für Subskribenten Mark 4.—).

Les Echinides
des îles Snow-Hill et Seymour

par

J. LAMBERT.

Monsieur Gunnar Anderson a bien voulu me confier l'examen des Echinides fossiles recueillis par l'expédition antarctique suédoise, près de la Terre de Graham, aux îles Snow-Hill et Seymour; qu'il me permette de lui adresser ici tous mes remerciements. Si les espèces étudiées ne sont pas très nombreuses, certaines sont représentées par une profusion d'individus qui a permis d'en mieux apprécier les caractères et les variations.

Sous-genre Cyathocidaris Lambert. [1]

Les très nombreux radioles de *Cidaridæ* rapportés par l'expédition suédoise appartiennent à des formes étranges, dont on ne connait plus guère aujourd'hui d'analogues que dans les mers du Japon, avec ceux des *Goniocidaris clypeata* et *G. Mikado* Döderlein, qui ne semblent d'ailleurs pas dériver des espèces plus anciennes à radioles cupuliformes, puisque leur test est pourvu de fossettes, tandis que celui du *Cidaris cyathifera* Agassiz n'en avait pas.

Si nous remontons en effet dans le passé nous voyons les radioles cupuliformes faire leur apparition en France vers la fin de l'époque Crétacé, dans le Santonien avec ce *Cidaris cyathifera* Agassiz, que la plupart des auteurs n'ont pas su distinguer du *C. Jouanneti* Desmoulins, dont le type est du Jurassique de la Souabe. Le *C. Jouanneti* du Synopsis [2] n'est qu'une variété du *C. cyathifera* de la Touraine. L'espèce parait d'ailleurs se retrouver dans les Corbières, où Cotteau l'a décrite

---

[1] de κύαθος petit gobelet et κίδαρις tiare.

[2] Desor: Synopsis des Echinides pl. V, fig. 14.

1—092595. *Schwedische Südpolar-Expedition 1901—1903.*

sous le nom de *Rhabdocidaris Noguesi*[1]. Il faut rapporter à ce groupe de *Cidaridæ*, caractérisés par leurs radioles cupuliformes, le *Cidaris pistillum* QUENSTEDT de la Craie de Rugen et le *C. Ortmanni* DE LORIOL du Miocène inférieur de la Patagonie. Je reviendrai d'ailleurs sur cette dernière espèce, particulièrement intéressante en raison des rapports de la Patagonie avec les anciennes mers australes. Ces formes ont continué à se développer pendant l'Éocène avec le très remarquable *Cidaris crateriformis* GUMBEL des Landes, de la Bavière et de la Hongrie. On les retrouve dans le Miocéne avec le *Cidaris avenionensis* DESMOULINS, puis dans le Pliocène avec les diverses formes figurées à la pl. LVIII des *Echinoidea of Western Sind*.

Si l'on étudie ces radioles dans leur première manifestation, on doit reconnaître non qu'ils dérivent, mais, ce qui est bien différent, qu'ils ont été précédés à leur tour par ce que l'on a nommé les radioles couronnés des espèces plus anciennes, comme *Typocidaris hirudo* SORIGNET du Cénomanien, *Plegiocidaris elegans* MUNSTER de l'Argovien et déjà *Cidaris Waechteri* WISSMANN, du Trias de Sᵗ Cassian confondu à tort avec le *C. Brauni* DESOR. D'autre part dans le Miocène on connait des radioles cupuliformes de *Leiocidaris*[2] et il y a actuellement des radioles cupuliformes de *Goniocidaris*. Il en est donc de ce caractère des radioles comme de la crénelure ou de la perforation des tubercules; toutes les espèces à tubercules perforés n'appartiennent pas à la même famille, toutes celles à tubercules crénelés ne dépendent pas du même groupe. De même il y a des espèces à radioles cupuliformes dans des genres divers; mais les plus nombreuses, celles qui n'ont ni pores conjugués, ni fossettes, c'est à dire celles du type du *Cidaris cyathifera* me paraissent devoir être aujourd'hui séparées des vrais *Cidaris* au moins comme sous-genre.

Les radioles des divers gisements des îles Snow-Hill et Seymour viennent singulièrement compléter nos connaissances sur ce sous-genre et leurs formes extrêmement variés peuvent cependant rentrer dans les divisions principales suivantes:

1° **Les prismatiques,** finement et uniformément granuleux, à extrémité spatuliforme ou multicarénée, terminée en fourche ou couronne et passant ainsi aux tubariens et aux cupuliformes. (Pl. I, fig. 2 à 4.)

2° **Les tubariens,** à tige cylindrique, terminé par un large disque en forme de pavillon; ce pavillon à bords dentelés est tantôt plat, granuleux ou couvert d'aspérités, tantôt convexe et souvent usé; les radioles passent alors aux bolétiformes ou cupuliformes. (Pl. I, fig. 13 à 15.)

3° **Les bolétiformes** que leur nom seul suffit à caractériser. (Pl. I, fig. 16 à 18.)

---

[1] L'histoire et les caractères de cette espèce sont complètement discutés dans ma *Revision des Echinides de Rennes les bains* (sous presse).

[2] Voir ma Description des Echinides fossiles des terrains mioceniques de la Sardaigne. I, p. 19, pl. I, fig. 1, 6 — 1907.

4° **Les cupuliformes,** dont l'extrémité s'évase en coupe plus ou moins large et profonde. (Pl. I, fig. 9 et 10.)

Tous ces radioles, les prismatiques, les tubariens, les bolétiformes et les cupuliformes se rapprochent par des caractères communs, le développement de leur extrémité plus ou moins épanouie et le développement des granules.

5° **Les palmés,** avec une cupule plus ou moins profonde, montrent un développement excessif de l'un des bords. Leur centre reste le plus souvent creusé et ne présente jamais de style central; c'est à eux qu'appartiennent tous les débris de test recueillis. (Pl. I, fig. 19 à 22.)

6° **Les stylifères,** voisins des précédents par leur forme et leurs ornements, sont encore moins cupuliformes, puisque l'expansion terminale est toute entière rejetée d'un côté, tandis que faisant suite à la tige se développe un style plus ou moins saillant qui se dresse en avant de la surface palmée. (Pl. I, fig. 23 à 30.)

Les radioles supérieures affectaient d'ailleurs seuls ces diverses formes et on trouve avec eux de longues baguettes prismatiques, qui sans doute armaient le test au dessous de l'ambitus (Pl. I, fig. 1).

Pour bien comprendre les caractères de tous ces radioles il est nécessaire de constater que dès une époque fort ancienne il s'est produit vers l'extrémité de la tige de certaines espèces une expansion du tissu cortical, tandisque le centre tendait encore à s'allonger en pointe et à former un petit fleuron entouré par une couronne plus ou moins relevée. Mais à l'époque de la Craie, chez *Cidaris cyathifera*, l'expansion circulaire terminale a pris un développement plus considérable; elle s'est formée plus tôt et a donné naissance à une disposition nettement cupuliforme, tandis que le fleuron central tantôt reste atrophié, tantôt se dresse en style plus ou moins haut. Mais cette forme typique montre déjà des bords inégaux, beaucoup plus développés d'un côté que de l'autre. On comprend dès lors mieux la morphologie des radioles du *C. crateriformis* dont la coupe tend à s'ouvrir en éventail, disposition déjà réalisée chez les radioles antarctiques de la section des palmés et des stylifères.

Quant au test dont dépendaient ces radioles divers, il est encore peu connu, cependant les débris rencontrés à Snow-Hill avec des radioles palmés permettent d'en reconnaître certains caractères, mais surtout la découverte par feu le Colonel SAVIN d'un individu complet du *C. cyathifera*, encore revêtu de ses radioles, dans les Marnes à *Micraster corbaricus* de Sougraigne* a rendu possible l'établissement de la diagnose suivante du sous-genre *Cyathocidaris:*

Test d'assez grande taille, élevé, subsphérique, ne portant par rangée qu'un petit nombre de tubercules interambulacraires perforés, incrénelés; zone miliaire assez

---

* Cet individu si intéressant est décrit et figuré dans ma Revision des Echinides de Rennes les bains.

étendue, sériée, à sutures apparentes; ambulacres onduleux, étroits, composés de simples primaires. Radioles diversiformes, ceux de la face supérieure épais, avec expansion terminale, cupuliformes ou palmés, les autres cylindriques ou prismatiques.

Type: *Cyathocidaris cyathifera* AGASSIZ (*Cidaris*) du Santonien.

Ce sous-genre présente beaucoup d'analogie avec *Dorocidaris* AL. AGASSIZ, bien qu'il s'en distingue surtout par la forme si différente de ses radioles, qui lui donnent une physionomie générale tout à fait particulière. Il offre à ce point de vue des rapports, soit avec certains *Leiocidaris* miocènes, soit avec certaines *Goniocidaris* actuels; mais ses pores ne sont pas conjugués et il est complètement dépourvu de fossettes suturales.

La séparation des *Cyathocidaris* des vrais *Cidaris* me paraît devoir logiquement en entrainer une autre, celle du groupe des radioles glandiformes, granuleux, à facette articulaire incrénelée ou pourvue de crénelures obsoletes. Ces *Cidaridæ*, avec leur aspect si particulier, ne sauraient être confondus ni avec les vrais *Cidaris* à petits et courts radioles en baguettes, du type *C. Mauri* RUMPH (= *C. metularia* AL. AGASSIZ, *non* LAMARCK), ni avec les *Tylocidaris* à tubercules imperforés et je propose pour eux le sous-genre *Balanocidaris*. [1]

Type: *B. glandifera* MUNSTER (*Cidarites*) du Rauracien.

Les autres espèces de ce sous-genre seraient les *Cidaris dorsata* BRAUN, *C. globifera* KLIPSTEIN, *C. Bronni* KLIPSTEIN, *C. Hausmanni* WISSEMANN, *C. scrobiculata* RŒMER, du Carnien de St Cassian — *C. cucumifera* AGASSIZ, *C. Roysi* DESOR, *C. lamellosa* COTTEAU, du Bajocien — *C. Meandrina* AGASSIZ, *C. Michaleti* COTTEAU, *C. episcopalis* COTTEAU, *C. Euthymei* DUMAS, du Bathomien — *C. glandifera* MUNSTER, comprenant le *C. subglandifera* COTTEAU [2], *C. icaunensis* COTTEAU, *C. Sturi* COTTEAU, du Rauracien — *C. ryzacantha* A. GRAS, du Néocomien — *C. pilum* MICHELIN, de l'Albien — *C. glandaria* LHWYD, du Cénomanien — *C. gibberula* AGASSIZ du Santonien.

Débarassé de toutes ces espèces le genre *Cidaris* apparaîtra comme bien mieux caractérisé et plus naturel. Quant à certaines formes, qui y restent encore provisoire-

---

[1] de Βάλανος qui porte le gland et Κίδαρις tiare.

[2] Les radioles à facette articulaire lisse du *Balanocidaris glandifera* sont bien connus. Quant aux test assimilés, celui de petite taille de l'Echaillon (Pal. Franc. Jurass. X, 1º p. 195, pl. 196, fig. 7, 10) avec quatre rangs de granules ambulacraires et tubercules faiblement crénelés, comme le grand individu de Lémenc (*op. cit.* pl. 195, f. 11, 13) à six rangs de granules ambulacraires et tubercules nettement crénelés sont des *Plegiocidaris*. Celui de Crussol à quatre rangs de granules ambulacraires et tubercules fortement crénelés, bien que très différent des précédents (*op. cit.* pl. 489, fig. 9) est encore un autre *Plegiocidaris*. Les fragments de test du Tithonique de Moravie (de LORIOL: Note sur les Echinod. IX, p. 6, pl. I, fig. 1, 5) avec leur double granulation appartiennent à une autre espèce bien distincte de *Plegiocidaris*.

Le test de Stramberg, à deux rangs de granules ambulacraires marginaux et fine granulation intermédiaires, gros tubercules à peine crénelés, me paraît seul appartenir réellement au *Bal. glandifera*. Malgré leur zone miliaire plus étroite, il faut encore rattacher à l'espèce les fragments de test, à tubercules lisses, rencontrés avec les radioles du *Balanocidaris glandifera* dans le Rauracien de Cazilhac (Hérault).

ment, elles devront sans doute être rejetées dans le groupe des *Pseudocidaris*, si elles ne sont pas des *Tylocidaris*, comme *Cidaris trigona* MUNSTER du Carnien, *C. plera-cantha* AGASSIZ du Campanien, etc.

Cyathocidaris Nordenskjoldi LAMBERT.

Après les détails ci-dessus donnés sur les divers radioles de *Cyathocidaris* ant-arctiques, il me reste peu de chose à dire de ceux du *C. Nordenskjoldi*. Je com-prends sous ce nom tous les radioles dits Prismatiques, Tubariens, Bolétiformes et Cupuliformes recueillis par l'Expédition suédoise.

Test inconnu. Radioles diversiformes dont les principaux présentent une ex-pansion plus ou moins considérable de l'extrémité de la tige. Celle-ci est parfois irrégulièrement prismatique dès la base et son extrémité se comprime en rame tri- ou multicarénée (fig. 4). L'expansion terminale toujours irrégulière présente chez quelques uns des prolongements en fourche sur lesquels les granules s'oblitèrent (fig. 5, 7). Chez d'autres cette expansion s'épanouit en demi-cupule (fig. 8). Plus rarement le radiole est simplement comprimé à son extrémité (fig. 3).

Beaucoup de ces grands radioles sont à la base régulièrement cylindriques et leur extrémité se termine en cupule analogue à celle du *C. cyathifera* (fig. 9, 10); parfois la cupule plus brusquement épanouie en forme de pavillon est peu profonde (fig. 11 à 13). Ces radioles à cupule peu profondes forment transition aux radioles bolétiformes, dont l'expansion terminale tantôt plane et finement granuleuse (fig. 16), tantôt convexe et à ornements plus atténués (fig. 17), a ses bords moins profonde-ment frangés que les précédents.

A côté de ces formes extrêmes, il en existe beaucoup d'autres intermédiaires qui viennent prouver que, malgré la diversité de leur aspect, elles appartiennent bien toutes à une même espèce, caractérisée d'ailleurs par les ornements de la tige, garnie de granules inégaux, assez serrés, le plus souvent épars, tendant cependant à s'aligner en file longitudinale d'un côté de la tige, disposition qui se réalise toujours vers l'expansion terminale. Les mêmes granules garnissent ordinairement le fond de la cupule. Exceptionnellement celle-ci présente quelques saillies spiniformes irrégulières, analogues à celles qui en frangent les bords (fig. 12).

Tous ces ornements s'atténuent vers la base de la tige et laissent au-dessus de l'anneau une collerette lisse, mal limitée vers le haut (fig. 2). L'anneau est peu sail-lant et la facette articulaire étroite, lisse, montre l'empreinte d'un ligament central, qui prouve l'adhérence de tous ces radioles à des tubercules incrénelés et perforés.

On ne saurait confondre aucun des radioles du *C. Nordenskjoldi* avec ceux du *C. cyathifera*, qui, également diversiformes, ont leur extrémité toujours finement striée et les bords de leur cupule moins profondément frangés; leur collerette est toujours plus étranglée et leur bouton proportionnellement moins développé; enfin les radioles du Santonien de France, toujours moins élancés, moins brusquement élargis au sommet, à cupule intérieurement lisse, n'affectent jamais les dispositions prismatiques, tubariennes ou bolétiformes. Le *C. Ortmanni* DE LORIOL (*Cidaris*) du Patagonien (Oligocène) est une très petite espèce cupuliforme à collerette nulle et expansion terminale très réduite que l'on ne saurait confondre avec le *C. Norden-skjoldi*. Les radioles prismatiques de ce dernier auraient plus de rapport avec ceux du *Cidaris antarctica* ORTMANN, dont M^r DE LORIOL nous a donné de bonnes figures.[1] La forme typique, granuleuse de cette espèce, se déprime sans s'élargir à son extrémité et sa collerette est séparée de la tige par un ruban lisse, de couleur sombre, dont l'espèce polaire ne montre aucune trace; quant aux formes épineuses assimilées, elles présentent des ornements qui ne se sont jamais remontrés chez *C. Norden-skjoldi*.

Localités: Ile Seymour. Les variétés prismatiques et cupuliformes ont été recueillies au point 8; un seul (fig. 5) a été trouvé au point 9 et les variétés tubariennes et bolétiformes plus près de Penguin Bay.[2]

Cyathocidaris patera LAMBERT.

Cette espèce est représentée par quelques débris de test et des radioles. Les premiers indiquent une espèce de moyenne taille, à tubercules assez serrés et scrobicules tangents en dessus; plaques plus hautes en dessus, où elles portent un tubercule perforé, non crénelé, à scrobicule assez large, avec second anneau à la base du cône; granules scrobiculaires mamelonnés, peu développés, alternant avec de plus petits et zone miliaire à granules peu serrés, non sériés, sans aucune trace de fossettes; suture médiane simplement apparente. Ambulacres droits, très étroits, avec pores serrés, séparés par un petit granule et dans la zone interporifère deux rangs seulement de granules.

Les radioles rencontrés avec ces débris de test sont courts, à sommet très évasé et cupuliformes (fig. 19), et par suite du développement inégal des bords ils présentent souvent une disposition palmée (fig. 20). Leur cupule parfois très évasée et alors devenue très mince peut atteindre une dimension relativement assez considérable; elle dépasse, chez certains individus des grès bruns, durs de Snow-Hill, 50 mill. de diamètre. La surface de tous ces radioles est couverte de fines stries granuleuses passant, seulement vers l'extrémité palmée de la cupule, à de petits plis; ces stries granuleuses peu apparentes, visibles à la loupe, disparaissent sur la partie

---

[1] de LORIOL: *Notes sur les Echinodermes* 2e Ser. fasc. 1, pl. I, fig. 1, 8. — 1902.

[2] Pour ces indications de localités et les suivantes voir la Carte (pl. VI) qui accompagne la Note de Mr GUNNAR ANDERSON: *On the Geology of Graham Land*.

inférieure qui est lisse, en sorte qu'il n'y a pas de collerette distincte. Le bouton est décortiqué chez tous les individus même les mieux conservés.

Les débris de test ne sont pas sans une certaine analogie avec ceux attribués au *Cidaris antarctica* ORTMANN; ils ne sauraient cependant leur être réunis, car les scrobicules du *C. patera* présentent à la base du cône un anneau qui paraît faire défaut chez l'espèce de Patagonie; la suture médiane était chez lui plus apparente en dessus. Quant au *C. julianensis* DE LORIOL également du Patagonien, il diffère de notre espèce par sa granulation miliaire plus dense, recouvrant les sutures et la présence de quatre rangs de granules dans les zones interporifères, au lieu de deux.

Les radioles du *C. patera* se distinguent assez facilement de ceux du *C. Nordenskjoldi* par leur forme moins massive, leur cupule beaucoup plus mince, papyracée chez les grands individus; leurs ornements bien plus atténués et la base de leur tige lisse. On ne saurait les comparer à aucune autre espèce connue et quand on réfléchit à l'ampleur des cupules chez certains individus, on est un peu étonné de l'aspect singulier que devait présenter à l'état vivant le *C. patera*, tant il exagère la physionomie déjà si bizarre du *Goniocidaris clypeata* des mers du Japon.

Localités: Snow-Hill, au point N° 4, les plus grands dans le grès du point N° 5; quelques radioles ont aussi été recueillis dans la portion Sud-Ouest de l'ile Seymour, associés aux radioles tubariformes ou bolétiformes du *C. Nordenskjoldi.*

Cyathocidaris Erebus LAMBERT.

Cette espèce n'est connue que par ses radioles, palmés comme les précédents, mais ayant même perdu le bord de cupule qui leur restait du côté opposé à l'expansion principale; en même temps se dresse, faisant suite à la tige, un style plus ou moins développé, à peine saillant lorsque la partie en palette est verticale (fig. 23 à 27), plus long quand la palette s'infléchit vers l'horizontale (fig. 28, 29). La palette, à extrémité frangée, est d'apparence lisse, mais en realité vue à la loupe elle semble finement granuleuse; souvent elle porte quelques nervures qui s'écartent en éventail; la base de la tige paraît lisse. Le style ordinairement cylindrique, pointu et uni, devient triangulaire, à bords irrégulier chez un individu où il est très développé (fig. 30). La collerette est indistincte et le bouton, peu développé, est constamment corrodé.

Ces radioles stylifères ne sauraient être confondus avec ceux d'aucune espèce connue. Le *C. crateriformis*, qui porte également un style central, est bien plus petit; il est complètement dépourvu de collerette et sa tige est couverte de verrues allongées, plutôt que de granules; son style enfin est nettement cannelé. Certaines espèces, habituellement dépourvues de style, peuvent accidentellement en présenter comme celui figuré par Cotteau pour *C. cyathifera* (Pal. Franc. Cret. VII, pl. 1072, fig. 11); mais ce style épineux, très réduit, occupant le fond de la cupule, ne saurait être comparé à celui très saillant et externe du *C. Erebus*.

Localités: Les radioles du *C. Erebus* ont été recueillis à l'île Seymour, au point N° 8, mais d'après la gangue dans une couche différente de celle où domine le *C. Nordenskjoldi* dont quelques rares et petits radioles se trouvent encore associés à ceux du *C. Erebus*.

Cassidulus Andersoni Lambert.

Représenté par un unique individu ce *Cassidulus* est le mieux conservé et le plus beau des Echinides rapportés par l'expédition suédoise au Pôle Sud. Il mesure 46 millim. de longueur sur 37 de largeur et 18 de hauteur. Il est légèrement retréci, puis arrondi en avant, brusquement retréci et subtronqué en arrière. La face supérieure, à apex et sommet excentriques en avant, est déclive sur les flancs et si obliquement tronquée en arrière que le périprocte piriforme s'ouvre en dessus, au sommet d'un sillon qui n'atteint pas la marge. Face inférieure concave, à péristome excentrique en avant, entouré de bourrelets très saillants.

Ambulacres à pétales larges et courts, nettement fermés, l'impair sensiblement plus allongé que les autres; pores inégaux, éloignés l'un de l'autre, mais conjugués et disposés par paires très rapprochées. Périprocte piriforme, au fond d'un court sillon, qui se creuse à la face supérieure sans échancrer le bord.

C. oldhamianus Stoliska, du Crétacé de l'Inde, avec une forme générale analogue en diffère par sa taille plus petite, son apex plus central et ses ambulacres à pétales bien moins larges. Aucune des espèces américaines connues ne saurait être utilement comparée au *C. Andersoni;* il en est de même des espèces d'Europe. Aucune ne présente à la fois la même taille, le même développement des pétales et la même disposition du périprocte.

Ces caractères sont insuffisants pour attribuer cette espèce plutôt au Tertiaire qu'au Crétacé; mais l'analogie de sa gangue avec celle d'un *Schizaster* recueilli au même point N° 11 près de Penguin Bay, dans la partie Nord de l'île Seymour, m'engage à la rapporter au terrain Tertiaire, puisqu'aucun vrai *Schizaster* n'a été jusqu'ici remontré dans les couches Crétacées.

Holaster Lorioli Lambert.

Cette espèce, d'assez grande taille, est connue par un certain nombre de débris, qui démontrent sa fréquence dans les grès ferrugineux de Snow-Hill, mais ne permettent pas d'en décrire la face inférieure.

Le test mesurait environ 70 mill. de longueur sur une largeur un peu moindre. Il est remarquable par sa forme subcirculaire, un peu plus retrécie en arrière qu'en avant, où le sillon antérieur l'échancre profondément. Face supérieure peu élevée, à apex central, déclive sur les cotés, avec en arrière une carène très atténuée et en avant un sillon, qui s'étend régulièrement du sommet à la marge; les bords de ce sillon sont limités par une double carène, en légère saillie sur le reste de la surface. Apex nettement allongé.

Ambulacres pairs étroits, presque droits, un peu infléchis en avant près du sommet, composés de pores elliptiques, très rapprochés et légèrement en chevron, ouverts dans des plaques bases et en avant un peu plus petits dans la zone porifère antérieure; les ambulacres postérieurs un peu plus courts. Ambulacre impair composé de pores plus petits que ceux des ambulacres pairs. Périprocte postérieur, arrondi, paraissant presque marginal. Fasciole, péristome et plastron inconnus.

Bien qu'incomplètement connue cette espèce présente une physionomie très spéciale. On ne peut guère la comparer aux formes indo-européennes, dont la face supérieure plus renflée est toujours moins déclive et qui présentent une plus grande inégalité entre les branches des ambulacres pairs antérieurs. Cette homogènéité des zônes porifères est un caractère archaïque qui serait exceptionnel pour une forme fasciolée et qui me porte à placer l'espèce antarctique plutôt parmi les *Holaster* que dans le genre *Cardiaster*. Je ne puis sous ce rapport comparer l'*H. Lorioli* qu'à un *Holaster* d'Algérie, malheureusement indéterminé, rencontré à un niveau déjà élevé du Sénonien, dans une conche à *Stegaster* (Aturien). Mais la forme générale et celle du sillon antérieur de cet individu sont absolument différentes de celles du *H. Lorioli*.

On sait que le genre *Holaster* est jusqu'ici exclusivement crétacé et que les prétendus *Holaster* tertiaires sont des *Duncaniaster*. Dans l'état actuel de nos connaissances la présence de ce genre vient donc directement confirmer l'âge Crétacé des grès ferrugineux de Snow-Hill (partie la plus méridionale du plateau nord — Öfversta platån).

Genre **Nordenskjöldaster** LAMBERT.

Test de petite taille, subglobuleux, arrondi en avant, tronqué en arrière avec apex subcentral, ethmophracte et quatre pores génitaux; face supérieure renflée, à sommet un peu en arrière de l'apex et carène postérieure très atténuée; face inférieure onduleuse, légèrement déprimée vers le péristome, qui est excentrique en avant, réniforme, sans saillie du labrum; face postérieure assez haute, mal délimitée et au sommet périprocte ovale, sans aréa.

Ambulacres subpétaloides, superficiels, courts, étroits, ouverts; l'impair à pores microscopiques, les pairs inégaux, composés de pores semblables, arrondis, conjugués, s'ouvrant dans des plaques assez hautes, les antérieurs plus longs avec 14 paires de pores, les postérieures avec seulement 8 paires de pores; zones interporifères très étroites.

L'état un peu fruste du type ne permet malheureusement de reconnaître ni les tubercules qui devaient être petits et homogènes, ni les fascioles. Le développement en arrière des zygopores épisternaux et la façon dont les pétales sont brusquement coupés à leur extrémité permettent toutefois d'inférer la présence des fascioles sous anal et péripétale.

La forme générale de cet Echinide est celle d'un *Hemiaster*, mais il n'en a pas les ambulacres; il se sépare d'autre part de *Lambertiaster* par son péristome réniforme. Si l'on voit bien ce que n'est pas l'oursin de Snow-Hill, il est plus difficile de dire exactement ce qu'il est dans la nomenclature actuelle, et il me paraît devoir constituer un genre particulier, qui devra être plutôt rejeté dans la Sous-famille des *Homœasteridæ* que rapproché des *Prenasterinæ*, bien que certains de ces derniers aient leurs ambulacres aussi superficiels. Je le désigne sous le nom de *Nordenskjöldaster*.

Ce nouveau genre, en raison de son péristome réniforme ne peut être compris dans la tribu des *Ovulasterinæ* et il se place naturellement dans celle des *Neopneustinæ* à côté de *Neopneustes* dont il diffère par sa forme générale, par son péristome plus excentrique, par l'absence de rostre sous-anal, par ses pétales courts et bornés, etc.

Nordenskjöldaster antarctica LAMBERT.

Espèce subglobuleuse mesurant 25 mill. de longueur sur 24 de largeur et 18 de hauteur, représenté par un seul individu dont tous les caractères viennent d'être donnés à la diagnose générique.

Cet individu a été recueilli dans la partie presque centrale de Snow-Hill, au point marqué 6 sur la carte de Mr NORDENSKJÖLD; sa gangue est formé d'un Calcaire gris, dur, d'aspect compact quoique finement poreux, différent de celui qui entoure les autres Echinides de cette région. L'âge de ce calcaire d'après les Céphalopodes recueillis serait le Gault supérieur.

Hemiaster vomer LAMBERT.

Petite espèce de 23 millim. de longueur sur 20 de largeur et 19 de hauteur, remarquable par sa forme subglobuleuse et la forte saillie de l'extrémité de son plastron, qui se termine en rostre très proéminent; la face postérieure est oblique et très haute, mais le périprocte est relativement peu élevé; la face inférieure est très retrécie en arrière. Les pétales peu profonds sont inégaux: l'impair plus long; les antérieurs pairs courts, flexueux, sont composés de pores inégaux, allongés dans les rangées externes; pétales postérieurs très courts; apex à quatre pores génitaux. Fasciole péripétale large, bien distinct. Tubercules saillants, épars dans une fine granulation miliaire.

Cette espèce appartient au petit groupe des *Hemiaster* dépourvus de sillon antérieur; elle offre une lointaine analogie avec mon *H. garumnicus*, mais elle est plus renflée en dessus, plus rostrée en arrière et ses pétales sont proportionnellement plus étroits. Le talon assez large, binoduleux chez le type cénomanien du genre, s'accentue chez les formes subglobuleuses du Campanien, mais l'extrémité du test reste encore assez largement arrondi chez *H. punctatus;* la saillie en pointe de cette partie semble caractéristique de l'espèce antarctique.

On ne connaît aucun véritable *Hemiaster* subglobuleux tertiaire; ceux de l'Eocène sont des *Opissaster* de la section *Ditremaster* MUNIER-CHALMAR. L'espèce antarctique a donc bien les caractères d'un fossile crétacé, mais très certainement du Crétacé supérieur. Elle a été recueillie sur la côte Ouest de l'extrémité Nord de Snow-Hill, près de Winter-station, au point marqué 1 sur la carte publiée par Mʳ ANDERSON. Sa gangue, en grès ferrugineux, rappelle un peu celle du *Holaster Lorioli.*

Schizaster antarcticus LAMBERT.

Espèce de moyenne taille, mesurant 45 mill. de longueur sur 40 de largeur, mais dont l'individu examiné est trop écrasé pour qu'on en puisse apprécier la hauteur. Test subcirculaire, un peu retréci en arrière, fortement échancré en avant; face supérieure à peu près régulièrement convexe, avec apex légèrement excentrique en arrière et carène postérieure assez saillante; sillon canaliforme, profond, à bords abruptes. Ambulacres antérieurs pairs à pétales longs, flexueux, peu divergents et profondément excavés; les postérieurs à pétales beaucoup plus courts. Périprocte ovale, au milieu de la face postérieure rentrante. Fasciole péripétale irrégulier, avec parties larges, circonscrivant de près les pétales et obliquement coudé en avant; le latéro-sous-anal peu distinct. Détails des ambulacres, de l'apex et de la face inférieure inconnus.

On ne saurait utilement comparer cette espèce avec le *Schizaster* de la Patagonie, décrit par ORTMANN sous le nom de *S. Ameghinoi* et provenant de San Julian.

Si le *S. Iheringi* DE LORIOL, du Patagonien, se rapproche davantage de notre espèce, il en diffère cependant par son apex plus excentrique et ses pétales postérieurs plus courts. Mon *S. patagonensis* serait encore plus voisin du *S. antarcticus;* il paraît toutefois s'en distinguer par sa partie postérieure plus large et plus tronquée, son sillon plus étroit, qui se retrécit progressivement vers l'apex, tandis que ce sillon s'ouvre immédiatement large chez le *S. antarcticus.*

L'analogie évidente de ces deux formes et cette considération qu'il n'existe aucun vrai *Schizaster* crétacé m'engagent à placer dans le terrain Tertiaire la couche qui a fourni notre espèce. On sait en effet que le prétendu *S. atavus* ARNAUD est un *Opissaster* à quatre pores génitaux, c'est à dire un *Proraster;* quand au *S. antiquus*

Cotteau du Danien, c'est simplement l'adulte du *Linthia canaliculata*. Or notre espèce ne saurait être considérée ni comme un *Linthia* ni comme un *Proraster*.

Le *S. antarcticus* a été recueilli sur le plateau nord de Penguin-Bay, dans la partie septentrionale de l'île Seymour avec le *Cassidulus Andersoni*, dans des couches qui me paraissent devoir être attribuées au terrain Tertiaire.

En dehors des espèces ci-dessus énumérées, on a rencontré à Snow-Hill, sans indication plus précise de localité, un débris d'Echinide à peu près indéterminable, complètement écrasé et qui semble avoir appartenu à un *Hemiaster*, d'ailleurs très différent du *H. vomer*.

De tous les Echinides étudiés le plus ancien parait être *Nordenskjöldaster antarctica* provenant d'un Calcaire de Snow-Hill, dans lequel on a rencontré *Kossmaticeras skidegalense* et *K. loganianum*, du Vraconien des Iles de la Reine-Charlotte. Viendraient ensuite ceux des couches ferrugineuses avec nodules gréseux, à *Holaster Lorioli* de Snow-Hill, qui, d'après leur faune de Céphalopodes (*Kossmaticeras antarcticum*, *Gaudryceras politissimum*) devraient être assimilées aux couches d'Ootatoor (Cénomanien). La couche du point N° 4 de Snow-Hill, à *Cyathocidaris patera*, qui doit comprendre les grès bruns du point N° 5 et se retrouve à l'île Seymour, renfermerait, d'après Mr Kilian *Pseudophyllites Indra;* elle devrait donc être assimilée aux couches d'Arrialoor (étage Aturien). Les marnes gréseuses à *Cyatocidaris Erebus* et *C. Nordenskjoldi* du point N° 8 de l'île Seymour appartiennent à un horizon très voisin, peut être Maestrichtien. Enfin les grès du Nord de l'île Seymour à *Schizaster antarcticus* et *Cassidulus Andersoni*, qui ne renferment plus d'*Ammonitidæ*, doivent être rapportés au terrain Tertiaire. N'ayant sous les yeux que deux Echinides de ces couches, on comprendra que je ne puisse affirmer leur origine éocène plutôt que miocène, car les deux genres auxquels ils appartiennent ont une très longue extension stratigraphique.

On peut donc dresser de la repartition des espèces étudiées le tableau suivant:

Nom des espèces.	Vraco-nien.	Cénoma-nien.	Aturien.	Mae-strich-tien.	T. Ter-tiaire.
Cyathocidaris patera Lb.			+		
» *Nordenskjoldi* Lb.				+	
» *Erebus* Lb.				+	
Cassidulus Andersoni Lb.					+
Holaster Lorioli Lb.		+			
Nordenskjöldaster antarctica Lb.	+				
Hemiaster vomer Lb.			+		
Schizaster antarcticus Lb.					+
Tot. 8	1	1	2	2	2

Dans son ensemble cette faune échinitique antarctique est remarquablement spéciale. On ne trouve pour elle aucune de ces analogies avec celles de l'Inde, ou du Pacifique nord (Vancouver), qui ont permis d'établir pour les Céphalopodes des concordances si remarquables et si précieuses. Aucune relation nette n'existe avec la faune échinitique malgache; aucune même avec celle du Podoland (Cap). Peut-être ces relations s'établiraient-elles mieux avex la Patagonie; mais la faune échinitique crétacée de cette région est encore à peu près inconnue et les espèces qui ont été attribuées à ce terrain sont plutôt oligocéniques.

J'ai cependant indiqué une certaine ressemblance entre les radioles du *Cidaris antarctica* ORTMANN du Patagonien et mon *Cyathocidaris Nordenskjoldi*. Dans le même ordre d'idées on peut remarquer que les déformations habituelles des extrémités des radioles de *Cidaridæ* sont un caractère commun entre les formes crétacées antarctiques et les formes tertiaires patagones, comme *Cidaris antarctica* ORTMANN, *Cyathocidaris Ortmanni* DE LORIOL. Il y a naturellement plus de rapports entre mon *Schizaster antarcticus* de l'île Seymour et mon *S. patagonensis* oligocénique, mais les différences restent certainement d'ordre spécifique.

Explication de la planche d'Echinides.

(Pl. I.)

Fig. 1. Radiole en baguette prismatique recueilli au point 8 de l'île Seymour avec les radioles palmés du *Cyathocidaris Erebus* et supposé appartenir à la face orale de ce *Cyathocidaris*.

» 2. Fragment de radiole de *Cyathocidaris Nordenskjoldi*, du point 8 de l'île Seymour, montrant la collerette et le bouton.

» 2ª. Facette articulaire du même.

» 3. Radiole comprimé du *C. Nordenskjoldi*, du même gisement.

» 3ª. Le même, vu de côté.

» 4. Autre radiole du même gisement. Variété prismatique.

» 5. Radiole couronné, attribué à la même espèce et provenant du point 9 de l'île Seymour.

» 6. Autre radiole du *Cyathocidaris Nordenskjoldi*, variété à bords terminaux prolongés, du point 8 de l'île Seymour.

» 7. Autre radiole du même gisement; les bords terminaux se prolongent en fourches.

» 8. Autre radiole du même gisement; le développement des bords terminaux forme une demie cupule.

» 9. Autre radiole du même gisement 8 de l'île Seymour; les bords terminaux s'évasent en cupule.

» 10. Autre radiole du même gisement; variété cupuliforme.

» 11. Autre radiole du même gisement; l'extrémité s'épanouit en pavillon.

» 12. Le même radiole, vu par la face supérieure.

» 13. Autre radiole, attribué au *Cyathocidaris Nordenskjoldi*, variété tubariforme recueillie au SW. de Penguin Bay, dans la partie Sud de l'île Seymour.

» 14. Autre radiole de la même variété et du même gisement.

» 15. Autre radiole de la même variété tubariforme et du même gisement.

» 16. Autre radiole, à pavillon plus évasé, agariciforme, attribué à la même espèce et du même gisement.

» 17. Fragment de radiole; variété bolétiforme, du même gisement.

» 18. Le même radiole vu en dessus.

» 19. Radiole cupuliforme du *Cyathocidaris patera*, recueilli au point Nº 4 de Snow-Hill.

» 20. Autre radiole du même gisement, à cupule moins évasée (palmée).

» 21. Autre radiole du *C. patera* avec cupule se développant d'un seul côté (palmée), recueilli dans la partie Sud. de l'île Seymour.

» 22. Radiole à très large cupule du *C. patera*, recueilli dans les grès bruns, durs, au point Nº 5 de Snow-Hill.

Fig. 23.   Radiole palmé, à style atténué, du *Cyathocidaris Erebus*, recueilli au point 8 de l'île Seymour, mais d'après la gangue dans une couche différente de celle de *C. Nordenskjoldi*.

»   24.   Le même, vu de profil, pour montrer le peu de développement du style.

»   25.   Radiole du *Cyathocidaris Erebus* du même gisement; forme typique, largement palmée et à style bien développé.

»   26.   Le même, vu de profil.

»   27.   Le même, vu du côté externe de la cupule.

»   28.   Autre radiole du *C. Erebus*, du même gisement; variété.

»   29.   Autre radiole de la même espèce et du même gisement, avec cupule en partie détruite, mais style très développé.

»   30.   Autre fragment de radiole de la même espèce et du même gisement, montrant un style prismatique et barbelé.

»   30ᵃ. Autre radiole du *C. Erebus*, du même gisement; variété palmée, dont le style est remplacé par un simple renflement.

»   31.   Fragment d'ambulacre et plaque interambulacraire de l'ambitus du *Cyathocidaris patera*, recueilli avec de nombreux radioles au point 4 de Snow-Hill.

»   32.   Autre fragment de test de la même espèce et du même gisement; plaques voisines du péristome.

»   33.   Plaques interambulacraires du dessus de l'ambitus, de la même espèce et du même gisement.

»   34.   *Cassidulus Andersoni*, vu en dessus, du plateau 11 de l'île Seymour, partie Nord de Penguin-Bay.

»   35.   Le même, vu en dessus.

»   36.   Le même, vu de profil.

»   37.   Le même, vu par derrière.

»   38.   Fragment, montrant la face supérieure du *Holaster Lorioli* des grès ferrugineux du plateau Öfversta à Snow-Hill.

»   39.   *Nordenskjöldaster antarctica*, vu en dessus, de la partie centrale, N° 6, de Snow-Hill.

»   40.   Le même, vu en dessous.

»   41.   Le même, vu de profil.

»   42.   Le même, vu par derrière.

»   42ᵃ. Apex grossi du même.

»   43.   Ambulacre antérieur pair II grossi, du même.

»   44.   *Hemiaster vomer*, vu en dessus, de la côte Ouest de Snow-Hill, N° 1 (vers Winter station).

»   45.   Le même, vu de profil.

»   46.   Le même, vu par derrière.

»   46ᵃ. Apex grossi du même.

»   47.   *Schizaster antarcticus*, vu en dessus, du plateau de la partie Nord de l'île Seymour N° 11.

»   48.   Le même, vu de profil.

»   49.   Le même, vu par derrière.

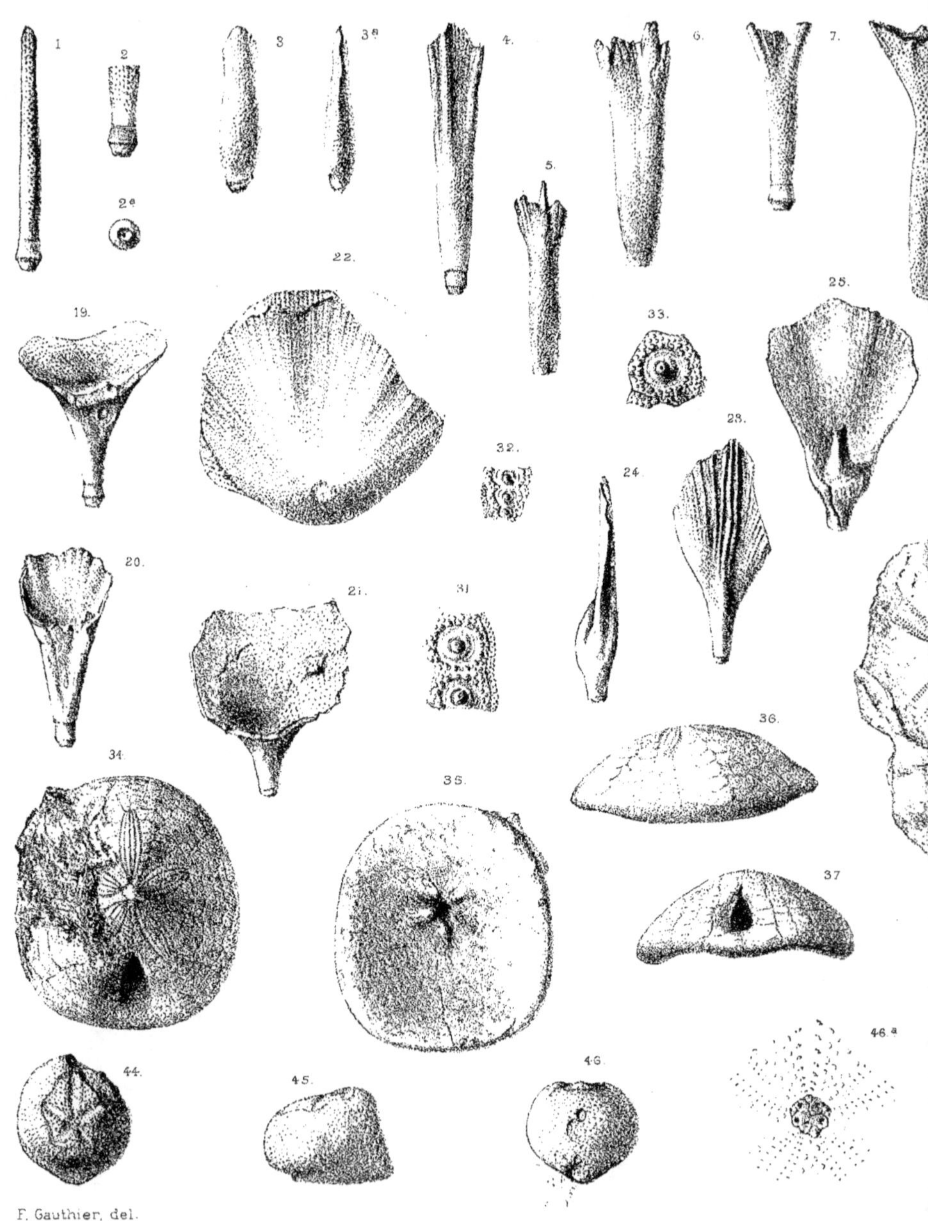

F. Gauthier, del.

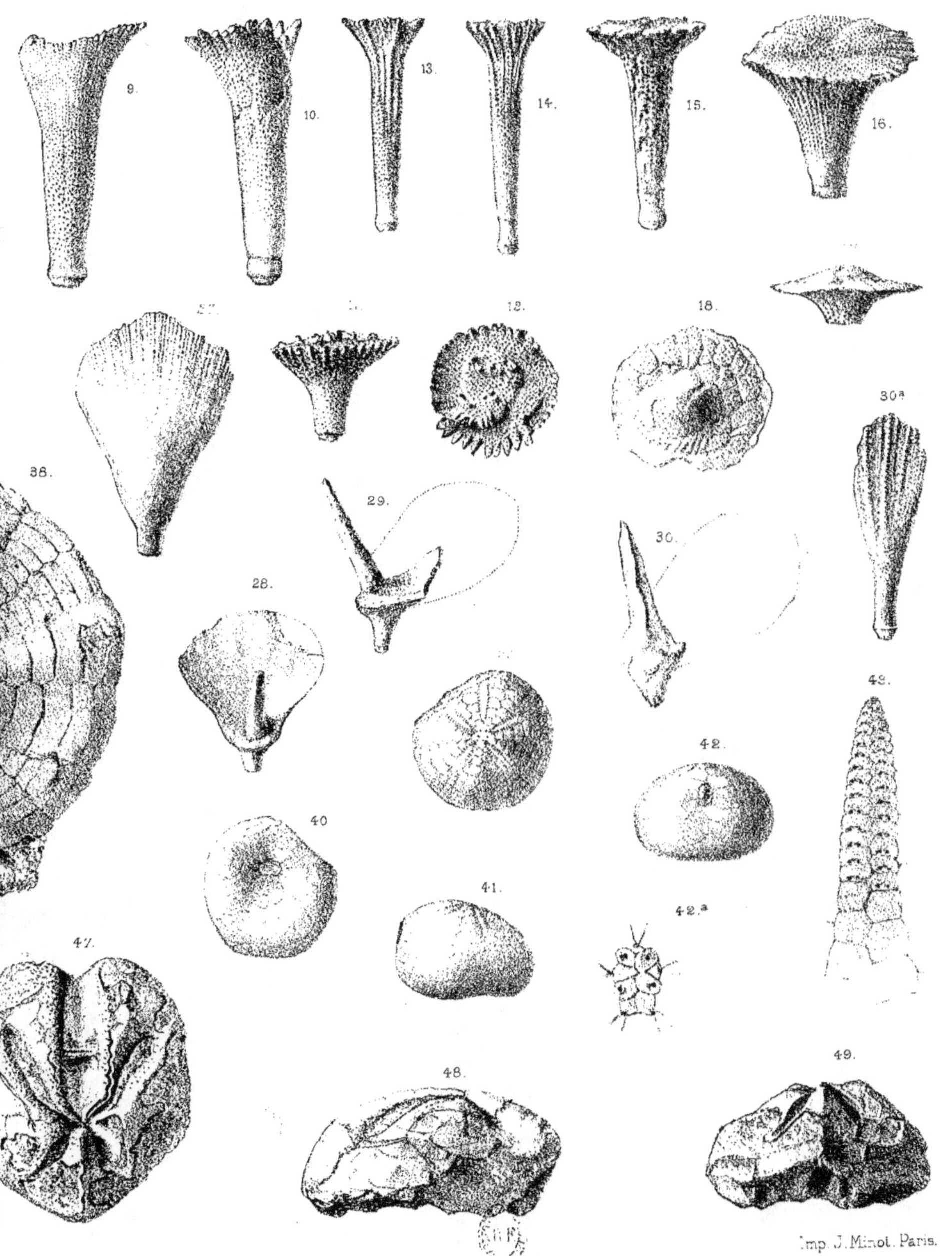

(*Fortsetzung von Seite 2.*)

Lief. 9. HOLLAND, R. Fossil Foraminifera. With 2 Plates. Preis Mark 3.—. (Für Subskribenten Mark 2.—).

Lief. 10. HENNIG, A. Le conglomérat pleistocène à Pecten. Avec 5 planches. Preis Mark 7.—. (Für Subskribenten Mark 5.—).

Lief. 11. LAMBERT, J. Les Echinides fossiles. Avec 1 planche. Preis Mark 4.—. (Für Subskribenten Mark 3.—).

Lief. 12. WILCKENS, O. Die Anneliden, Bivalven und Gastropoden der antarktischen Kreideformation. Mit 4 Tafeln. Preis Mark 12.—. (Für Subskribenten Mark 9.—).

Band IV. **Botanik.**

Erste Abteilung:

Lief. 1. STEPHANI, F. Hepaticæ. Preis Mark 1.50.

Lief. 2. SKOTTSBERG, C. Feuerländische Blüten. Mit 89 Textfiguren. Preis Mark 6.25. (Für Subskribenten Mark 5.—).

Lief. 3. SKOTTSBERG, C. Die Gefässpflanzen Südgeorgiens. Mit 2 Tafeln und 1 Karte. Preis Mark 4.—. (Für Subskribenten Mark 3.—).

Lief. 4. SKOTTSBERG. C. Zur Flora des Feuerlandes. Mit 2 Tafeln und 1 Karte. Preis Mark 8.75. (Für Subskribenten Mark 7.—).

Lief. 5. FOSLIE, M. Corallinaceæ. With 2 Plates. Preis Mark 4.—. (Für Subskribenten Mark 3.—).

Lief. 6. SKOTTSBERG. C. Die Meeresalgen. I. Phæophyceen. Mit 10 Tafeln, 187 Textfiguren und 1 Karte. Preis M. 16.—. (Für Subskr. M. 12.—).

Lief. 7. EKELÖF, E. Bakteriologische Studien. Mit 1 Tafel. Preis Mark 8.50. (Für Subskribenten Mark 6.50).

Preis der ersten Abteilung des Bandes IV: Mark 49.—. (Bei Subskription auf das ganze Werk Mark 38.—).

Zweite Abteilung:

Lief. 8. CARDOT, J. La flore bryologique. Avec 11 planches. Preis Mark 25.—. (Für Subskribenten Mark 20.—).

Lief. 9. SKOTTSBERG, C. Pflanzenphysiognomie des Feuerlandes. Mit 3 Tafeln und 1 Karte. Preis Mark 6.—. (Für Subskribenten Mark 4.50).

Lief. 10. SKOTTSBERG, C. Das Pflanzenleben der Falklandinseln. Preis Mark 4.—. (Für Subskribenten Mark 3.—).

Band V. **Zoologie I.**

Lief. 1. ANDERSSON. K. A. Brutpflege bei Antedon hirsuta Carpenter. Mit 2 Tafeln. Preis Mark 2.—.

Lief. 2. ANDERSSON, K. A. Das höhere Tierleben. Mit 10 Tafeln und 2 Karten. Preis Mark 13.—. (Für Subskribenten Mark 10.—).

Lief. 3. MICHAELSEN, W. Die Oligochæten. Mit 1 Tafel. Preis Mark 1.50.

Lief. 4. EKMAN. S. Cladoceren und Copepoden aus antarktischen und subantarktischen Binnengewässern. Mit 3 Tafeln. Preis Mark 4.—.

Lief. 5. LÖNNBERG, E. Die Vögel. Preis Mark 1.—.

Lief. 6. LÖNNBERG, E. The Fishes. With 5 Plates. Preis Mark 10.—. (Für Subskribenten Mark 8.—).

(*Fortsetzung von Seite 3.*)

Lief. 7. LAGERBERG, T. Anomoura und Brachyura. Mit 1 Tafel. Preis Mark 4.—. (Für Subskribenten Mark 3.—).

Lief. 8. JÄDERHOLM, E. Die Hydroiden. Mit 14 Tafeln. Preis Mark 14.—. (Für Subskribenten Mark 11.—).

Lief. 9. WAHLGREN, E. Die Collembolen. Mit 2 Tafeln. Preis Mark 4.—. (Für Subskribenten Mark 3.—).

Lief. 10. ANDERSSON, K. A. Die Pterobranchier. Mit 8 Tafeln. Preis Mark 14.—. (Für Subskribenten Mark 11.—).

Lief. 11. TRÄGÅRDH, I. The Acari. With 3 Plates and 56 Text-Figures. Preis Mark 4.50. (Für Subskribenten Mark 3.50).

Preis des ganzen Bandes V: Mark 72.—. (Bei Subskription auf das ganze Werk Mark 58.—).

Band VI. **Zoologie II.**

Lief. 1. STREBEL, H. Die Gastropoden. Mit 6 Tafeln. Preis Mark 9.—. (Für Subskribenten Mark 7.—).

Lief. 2. RICHTERS, F. Moosbewohner. Mit 1 Tafel. Preis Mark 3.—. (Für Subskribenten Mark 2.—).

Lief. 3. ZIMMER, C. Die Cumaceen. Mit 133 Figuren auf 8 Tafeln. Preis Mark 6.—. (Für Subskribenten Mark 4.—).

Lief. 4. MORTENSEN, TH. The Echinoidea. With 19 Plates (im Druck).

Für Subskribenten, welche sofort den vollen Betrag einsenden, wurde der Preis noch weiter ermässigt und zu £ Sterl. 15.— (Mark 305, Francs 375) festgesetzt. Die Lieferungen werden in diesem Falle sofort beim Erscheinen den Subskribenten portofrei zugeschickt.

Stockholm. P. A. Norstedt & Söner 1911.

092595

www.ingramcontent.com/pod-product-compliance
Lightning Source LLC
Chambersburg PA
CBHW051219050726
47594CB00007B/3278